Michael Reichert

Einkaufen unter einem Dach

Genese, Philosophie und Praxis von Shopping Centern

GRIN Verlag

Bibliografische Information der Deutschen Nationalbibliothek:

Die Deutsche Bibliothek verzeichnet diese Publikation in der Deutschen National-
bibliografie; detaillierte bibliografische Daten sind im Internet über http://dnb.d-
nb.de/ abrufbar.

Impressum:

Copyright © 2008 GRIN Verlag GmbH
Druck und Bindung: Books on Demand GmbH, Norderstedt Germany
ISBN: 978-3-656-35497-0

Einkaufen unter einem Dach –
Genese, Philosophie und Praxis von Shopping Centern

Michael Reichert, Dipl. Geographie, 7. Semester
Sommersemester 2008

Inhalt

Literaturverzeichnis

1. Allgemeines

1.1 Definition

„Ein Shopping Center stellt eine Gruppe von Geschäften dar, die als Einheit geplant, entwickelt und gemanagt wird. Lage, Zahl und Art der Geschäfte sind abhängig von der Größe des Einzugsgebiets, das es versorgt. Die Zahl der Parkplätze hängt ab von Typ, Größe und Standort des Shopping Centers" (HAHN 2007: 15).

Weiterhin definiert das Eurohandelsinstitut, dass Shopping-Center „aufgrund zentraler Planung errichtete großflächige Versorgungseinrichtungen (sind), die kurz-, mittel und langfristigen Bedarf decken" (EHI: Shopping Center Report 2006:6).

1.2 Merkmale

Charakterisiert werden können sie durch eine räumliche Konzentration von Einzelhandels-, Gastronomie- und Dienstleistungsbetrieben unterschiedlicher Größe sowie eine Vielzahl von Fachgeschäften unterschiedlicher Branchen, wobei dominante Anbieter in Kombination zu den Fachgeschäften stehen. Unter dominanten Anbietern subsumiert das Eurohandelsinstitut Warenhäuser, Kaufhäuser sowie SB-Warenhäuser. Weitere Charakteristika stellen die ausreichende Verfügbarkeit von PKW-Stellplätzen, ein zentrales Management bzw. Verwaltung sowie die Wahrnehmung bestimmter Funktionen durch alle Mieter (Bsp. Werbung) dar (EHI: Shopping Center Report 2006).

Ein weiteres zentrales Charakteristikum befasst sich mit der Mietfläche der Shopping-Center. Im Shopping Center Report sind nur Center mit einer Mietfläche inklusive Nebenfläche von mindestens 10.000 m² gelistet.

Zuletzt bedarf es einer Abgrenzung der Thematik, da hier nur klassische Shopping Center fokussiert werden, Fachmarkt-Center die ebenfalls unter dem Begriff Shopping-Center subsumiert werden, werden nicht behandelt.

2. Shopping-Center in den USA

2.1 Anfänge der Shopping-Center in den USA

Als Mutterland der Shopping-Center gilt die USA. Der Unternehmer Jesse Clyde Nichols betrieb Anfang der 1920er Jahre Siedlungsbau am Stadtrand von Kansas. Nichols, der auch als Bauherr fungierte, erkannte früh die Chancen des Automobils, so dass er im Zusammenhang mit der neu zu errichtenden Siedlung, ein Shopping-Center errichtete, das ganz auf die Bedürfnisse der Automobilbesitzer zugeschnitten sein sollte. Sein Ziel war es, Kunden aus einem möglichst großen Einzugsgebiet anzuziehen.

Country Club Plaza (1922) übte allerdings über Jahrzehnte eine Pionierfunktion aus, da durch die folgende Weltwirtschaftskrise sich der Bau von weiterem Shopping-Centern verzögerte. Erst ab Mitte der 1950er Jahre wurden erstmals Shopping-Center in größerer Anzahl errichtet. Als Gründe für die schnelle Expansion gelten die „rasch fortschreitende Suburbanisierung (…), die steigenden Zahl der privaten Fahrzeuge, der Ausbau des Highway-Netzes und eine verbesserte steuerliche Abschreibung für Investoren" (HAHN 2007:16).

Als geistiger Vater von Einkaufszentren gilt allerdings der österreichische Architekt Victor David Grünbaum. Er lokalisierte Geschäfte losgelöst von der Verkehrsstraße, abseits von Hauptverkehrswegen und fasste sie in der Mitte eines großen Areals in einer konzentrierten Gruppe zusammen. Der in der Literatur auch häufig als Victor Gruen benannte jüdische Emigrant aus Wien, errichtete 1956 „das erste geschlossene d.h. überdachte und vollklimatisierte Shopping-Center in einem Vorort von Minneapolis" (HAHN 2007: 17). Southdale war sofort ein großer Erfolg. Gruen hatte das Ziel Kommunikationszentren in den zersiedelten US-amerikanischen Außenbezirken zu bauen und so dem *suburbian squirrel* entgegenzuwirken. Seine Vision war es, Leben, Arbeiten und Wohnen wieder zusammenzuführen; eine Mall als Typ „moderner Marktplatz". Es sollten viele kleine Städte um eine Großstadt entstehen anstatt einer suburbia ohne Anfang und Ende (BRUNE et al. 2006).

Gruen kehrte 1973 resigniert nach Wien zurück, da von seiner Vision nichts übrig blieb „als ein paar Gebäudekisten, wie sie dann in allen Großstädten der USA entstanden" (BRUNE et al. 2006: 8).

2.2 Weitere Entwicklung in den USA

Die Grafik zeigt die Entwicklung der Shopping-Center bezüglich jährlicher Wachstumsrate in % und der Zahl der Shopping Center in 1000 zwischen 1968 und 1999. Während in den 1960er und 1970er Jahren Wachstumsraten von über 10%/Jahr keine Ausnahme bildeten und die Anzahl der Shopping Center sprunghaft anstieg, zeichnen sich die Folgejahrzehnte durch deutlich geringere Wachstumsraten aus. Die jährlichen Wachstumsraten differieren häufig während kürzester Zeit, da Auswirkungen von Rezessionen sich zeitversetzt auf Bau und Planung von Shopping-Centern auswirken. Seit 1993 ist die Wachstumsrate auf nunmehr ca. 2% gesunken. Neueres Datenmaterial zeigt, dass dieser Trend bis heute fortbesteht, wobei Ende 2005 47.718 Shopping Center in den USA registriert waren (WEHRHEIM 2007).

Nach der starken Expansion der 1960er und 1970er Jahre hat sich bereits seit Mitte der 80er Jahre ein Überangebot bzw. eine Sättigung des Marktes ergeben. „Unter dem Einfluss eines großen Konkurrenzdrucks und eines veränderten Konsumentenverhaltens mussten in den vergangenen zwei Jahrzehnten plötzlich in rascher Folge immer wieder neue Strategien der Marktanpassung entwickelt werden" (HAHN 2005: 142).

Es entstanden neue Typen von Shopping-Centern, die allerdings teilweise auch andere Standorte nachfragen, wobei „das Shopping-Center, wie es bis Ende der 1970er Jahre gebaut wurde, immer mehr an Attraktivität (verlor)" (HAHN 2007: 10). Erste Schließungen folgten.

2.3 Neue Formen von Shopping-Centern

Bereits Ende der 1970er Jahre entstanden die ersten Factory Outlet Center (FOC). In ihnen bieten Markenartikelhersteller Ware direkt ab Werk zum Verkauf an, wobei mindestens die Hälfte der Geschäfte dem Fabrikverkauf zuzuordnen sein muss.

Diese Fabrikverkaufszentren im exurbanen Raum haben ihren Kulminationspunkt aber bereits seit spätestens Mitte der 1990er Jahre überschritten und erste Schließungen folgten. Durch die stete Verschlechterung des Angebots in den letzten Jahren sowie die problematische Lage weit außerhalb der Verdichtungsräume erscheint ein langfristiges Überleben dieser Form fraglich.

„Größter Konkurrent sind die Value Center (ebenfalls in der Peripherie verortet, der Verf.), die Fabrikverkaufsstätten mit einem regulären Angebot im Niedrigpreisbereich kombinieren" (HAHN 2007: 145). Erste Value Center konnten sich Mitte der 80er Jahre auf dem Markt etablieren, ihre größte Expansion wurde wahrscheinlich 2002 erreicht. Vermutlich wird sich in naher Zukunft auch hier ein Überangebot einstellen.

„Die ersten Power Center waren zum gleichen Zeitpunkt wie die Value Center in den USA eröffnet worden" (HAHN 2007: 146). Ihren Zenit haben sie jedoch bereits Mitte der 90er Jahre überschritten, und bereits 1996 flachte das Wachstum wieder ab. Evident ist, das kein anderer Typ des Shopping-Centers so schnell expandierte wie die Power Center (HAHN 2007).

Urban Entertainment Center (UEC), die Anfang der 1990er Jahre entstanden sind, haben ihren Fokus auf erlebnisorientierten Einzelhandel sowie die Integration von Freizeiteinrichtungen gelegt. Es liegt allerdings der Verdacht nahe, dass bereits heute eine Marktsättigung für diesen Betriebstypus erreicht ist, da eine Expansion bis zum Überangebot im Bereich erlebnisorientierter Einzelhandel, Themengastronomie und Kinoindustrie bereits seit Ende der 1990er Jahre vorliegt.

Als letzte Form sollen nun die Hybrid Center näher definiert werden. In diesen Shopping-Centern, die seit 1999 entstanden sind, werden alle Elemente der anderen Shopping-Center-Typen miteinander vereint. Wie bereits die oben erwähnten Betriebsformen, sind auch sie an der Peripherie verstandortet.

Allgemein fällt auf, das der Lebenszyklus der neuen Betriebsformen ausgesprochen kurz ist. Traditionelle Shopping-Center expandierten über 30 Jahre, FOC über 15 Jahre, während UEC nur knapp 10 Jahre bis zu ihrem Rückgang hatten. Dies bedeutet, das der Lebenszyklus immer kürzer wird und neue Formen die alten Betriebstypen binnen kürzester Zeit verdrängen.

2.4   Probleme und Trends

Die US-amerikanische Gesellschaft befindet sich in einem Umbruch, auf den die Shopping Center erst in Ansätzen reagiert haben (HAHN 2007: 142).

Während sich die traditionellen Shopping Center überwiegend an die weiße Mittel- und Oberschicht richten, bedienen FOC, Value Center und Power Center auch einkommensschwächere Konsumenten. In den letzten Jahren ist eine zunehmende „Polarisierung der Einkaufswelt" (HAHN 2007: 142) zu beobachten, d.h. ausgesprochenen Billigzentren stehen hochpreisige Lifestyle oder UEC gegenüber. Problematisch ist dies vor allem für traditionelle Shopping-Center, da diese ein mittleres Preissegment bedienen. Eine Neupositionierung auf dem Markt mittels Up- oder Downgrading bleibt unausweichlich.

„Allen Shopping Centern ist gemein, dass sie zunehmend Freizeiteinrichtungen integrieren, um den Einzugsbereich zu vergrößern und auch in den Abendstunden Besucher anzuziehen. Aufgrund der Ausweitung des Angebots lassen sich viele Shopping Center nicht mehr einem bestimmten Typus zuordnen. Die Grenzen verwischen immer mehr" (HAHN 2007: 147).

Im letzten halben Jahrhundert sind neue Einzelhandelseinrichtungen fast ausschließlich in der Peripherie entstanden, während die US-amerikanischen Kernstädte verödeten. Begünstigt durch die starke Suburbanisierung und der damit verbundenen Reduktion der Nachfrage, mussten viele ältere Geschäfte in den Innenstädten schließen. Da das Image der Innenstädte zudem sehr schlecht war und sie sogar als gefährlich galten, bevorzugten die Bewohner des suburbanen Raums Einkaufen in der Peripherie.

„Nach vielen Jahren der Stagnation oder sogar des Rückgangs haben die meisten US-amerikanischen Städte in den 1990er Jahren wieder einen relativ großen Anstieg der Bevölkerung erlebt" (HAHN 2007:148). Folgerichtig zog hier die Nachfrage nach Gütern und Dienstleistungen wieder an. Nunmehr werden auch wieder neue Betriebsformen des Einzelhandels in den Kernstädten realisiert, wobei das Gros der Shopping Center in den USA weiterhin in der Peripherie der Städte beheimatet ist.

Die Zukunftsaussichten der Shopping Center sind schwierig zu beurteilen. Sicher scheint jedoch, dass ein völliges Ausscheiden aus dem Markt als unrealistisch betrachtet werden kann, da Shopping Center in den USA ein fester Bestandteil des *American Way of Life* sind. Vermutlich wird eine weitere Konsolidierung folgen, weitere Schließungen sind wohl unvermeidbar. Dadurch wird sich der Anteil der Shopping Center am Einzelhandelsumsatz der USA in Zukunft eher verringern.

3. Shopping-Center in Deutschland

3.1 Anfänge der Shopping Center in Deutschland

Mit einer zeitlichen Verzögerung von fast 20 Jahren wurden Mitte der 1960er Jahre auch in Deutschland erste Shopping-Center realisiert. 1964 wurden am Stadtrand von Frankfurt das Main-Taunus-Zentrum sowie der Ruhrpark in Bochum eröffnet (BRUNE et al. 2006). Ähnlich wie in den USA wurden auch bei uns Standorte an Hauptverkehrsachsen gewählt. „Bei und setzte sich bald die Bezeichnung „auf der grünen Wiese" für Shopping Center in nicht-integrierten Lagen an der Peripherie der Städte durch" (HAHN 2007: 151). Das erste innerstädtische Einkaufszentrum, das Europa-Center in Berlin, wurde 1965 eröffnet. Mit dem Franken-Zentrum in Nürnberg (1969) folgte das erste geschlossene und klimatisierte Shopping-Center Deutschlands (HAHN 2007).

3.2 Weitere Entwicklung bis heute

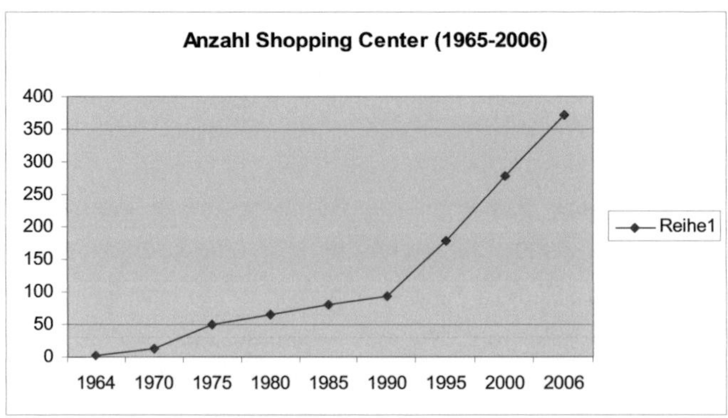

(EHI: Shopping Center Report 2006)

Die Grafik zeigt die Entwicklung bezüglich der Anzahl der Shopping-Center in Deutschland zwischen 1964 und 2006. Während die Entwicklung bis 1990 relativ moderat verläuft, setzt ein Boom der Shopping-Center nach der Wiedervereinigung ein.

Zum 1.1.2006 gab es in Deutschland 372 Shopping-Center mit einer Gesamtmietfläche von über 11,7 Mio. m², was einer durchschnittlichen Fläche/Center von 31.580 m² entspricht (EUROHANDELSINSTITUT, GERMAN COUNCIL OF SHOPPING CENTERS 2006).

3.3 Prognosen

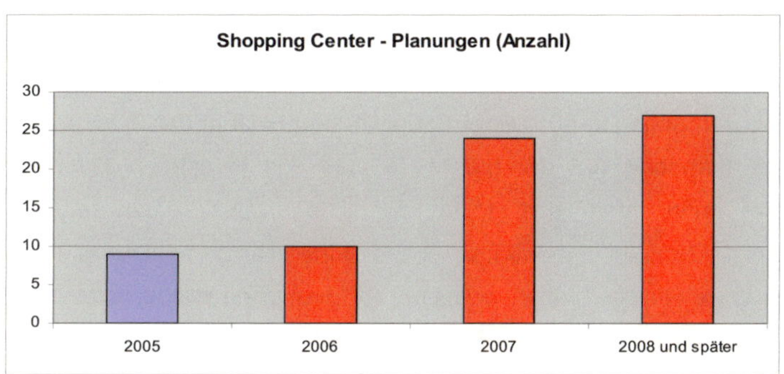

Eigene Zusammenstellung

Das Schaubild stellt die in 2005 realisierten und im Zeitraum 2006 bis 2008 geplanten Shopping-Center (Stand: 1.1.2006) dar. Auch wenn nicht alle Planungen 1:1 umgesetzt werden sollten, so wird doch deutlich, dass das „Wachstum der Shopping-Center in Deutschland (…) noch längst nicht zu Ende (ist); der Boom hält nicht nur an, sondern gewinnt wieder an Fahrt. Eine Sättigung des Marktes ist bislang nicht erkennbar" (EUROHANDELSINSTITUT, GERMAN COUNCIL OF SHOPPING CENTERS 2006: 27).

3.4 Shopping-Center-Generationen in Deutschland

Im Folgenden soll nun eine Differenzierung dieses Wachstums nach Zeitraum, Lage und Architektur vorgenommen werden:

Generation	Zeitraum	Charakteristika
1. Generation	1964-1973	Grüne Wiese, Magneten: Kaufhäuser, architektonisch eher anspruchslos,

		Ballungsräume
2. Generation	1974-1982	Innerstädtische Standorte, architektonisch ansprechender, kleinere Shopping-Center
3. Generation	1982-1992	Innerstädtische Standorte, luxuriöser/architektonisch anspruchsvoller
4. Generation	Seit Beginn 90er Jahre	Viele parallel verlaufende Entwicklungen, Center in neuen Bundesländern, Revitalisierung älterer Center

Eigene Zusammenstellung

Die obige Tabelle stellt charakteristische Entwicklungen der Shopping-Center in Deutschland in den vergangenen 40 Jahren dar. Während noch in den 60er Jahren fast ausschließlich Standorte auf der grünen Wiesen von Investoren favorisiert worden sind, so kann man seit Mitte der 70er Jahre einen deutlich Bedeutungsgewinn zu Gunsten innerstädtischer Standorte bilanzieren. Dieser Trend verstärkte sich bis Ende der 80er Jahre, wobei mit der deutschen Wiedervereinigung neue Entwicklungen parallel verliefen. Auf diese wird im späteren Kontext genauer hingewiesen. Zwar findet eine immer stärkere architektonische Einbindung der Shopping-Center in die Umgebung, doch gibt es bis heute keine eigenständige bauliche Formensprache in Deutschland.

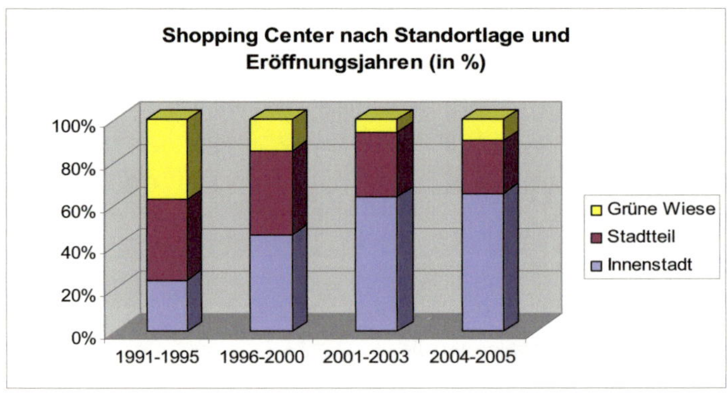

Eigene Grafik

Die obige Grafik zeigt die Entwicklung der Shopping-Center nach Standortlage und Eröffnungsjahren (in %) zwischen 1991 und 2005. Während kurz nach der Wende bis in die Mitte der 1990er Jahre hinein die Grüne Wiese attraktiver Standort für

Investoren – insbesondere in den neuen Bundesländern – war, hat die Grüne Wiese im Zeitraum 2004/2005 seine Bedeutung fast vollständig eingebüßt.

„Nach der Wende im Zeitraum 1990 bis 1997 wurden dann im Freudentaumel der Wiedervereinigung alle Vorgaben und Zielvorstellungen von Raumordnung und Landesplanung zunächst „über Bord geworfen", jeder Bürgermeister wollte sein eigenes Gewerbegebiet mit Einkaufszentrum" (EUROHANDELSINSTITUT, GERMAN COUNCIL OF SHOPPING CENTERS 2006: 30). Folglich sind im Zeitraum 1990 bis 1997 fast 20% der neuen Shopping-Center in Kleinstädten unter 20.000 Einwohner eröffnet worden; einige von ihnen können – bedingt durch die starke Bevölkerungsabwanderung in den Westen und sinkende Geburtenraten – nicht mehr wirtschaftlich effektiv arbeiten. Im Berichtzeitraum 2004/2005 wurden hingegen keine neuen Einkaufszentren in Kleinstädten mehr eröffnet. Die nachstehende Grafik veranschaulicht die Center-Eröffnungen in Städten unterschiedlicher Größe zwischen 1965 und 2005:

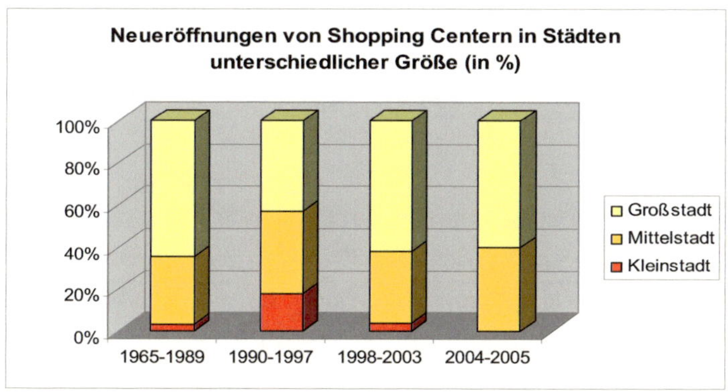

Eigene Zusammenstellung

Aus der Grafik wird ebenfalls ersichtlich, dass einerseits Großstädte mehr und mehr gefragt sind, andererseits stehen aber auch kleine Großstädte und Mittelstädte wie Düren, Gummersbach, Soest und Hameln zunehmend im Visier der Entwickler ((BRUNE et al. 2006).

3.5 Einordnung innerstädtischer Einkaufszentren

Während Passagen und Galerien Mitte des 19. Jahrhunderts neue Impulse in die Innenstädte brachten, eine „Zweite Innovation" zu Beginn des 20. Jahrhunderts durch aufblühende Warenhäuser begann, markieren heute Shopping-Center den Beginn einer „Dritten Innovation" im innerstädtischen Einzelhandel (BRUNE et al. 2006).

3.5.1 Typologie innerstädtischer Shopping-Center

Drei Merkmale sind aus planerischer Hinsicht für die Einordnung großer innerstädtischer Shopping-Center bedeutsam:

Die *Größe* des Shopping-Centers bestimmt seine Marktbedeutung; große innerstädtische Shopping-Malls generieren sicherlich deutlich mehr Umsätze als kleinere Einkaufszentren. Neuere Zentren streben in der Regel eine Verkaufsfläche zwischen 20.000 und 25.000 m² an. Nach Kemper besitzen jedoch bereits Shopping-Center ab einer Verkaufsfläche von 15.000 m² eine gewisse Autarkie gegenüber ihrem Umfeld, so dass sie weitgehend ohne ihr Umfeld bestehend können. Danach darf bezweifelt werden, dass Center-Manager eine Integration in das innerstädtische Gefüge anstreben.

Ein weiteres wichtiges Merkmal ist die *Lage* bzw. der Standort des Shopping-Centers im städtischen Kontext. Während Standorte unmittelbar in der Geschäftslage (= integriert, der Verf.) sicherlich zu begrüßen sind, da sie das bestehende Zentrensystem verdichten, sollten geplante Shopping-Center am Rand der Geschäftslage sorgfältig geprüft werden, da sie zwar einerseits die bestehende Geschäftslage erweitern, andererseits können sich hieraus allerdings interne Gewichtsverschiebungen ergeben. Nicht-integrierte Standorte am Rand der Geschäftslage sind sehr kritisch zu bewerten, da sie eine eigenständige Lage entwickeln und eine Integration seitens der Investoren meist nicht erwünscht ist.

Im Bereich der *baulichen Grundstruktur* wird zwischen offenen und geschlossenen Einkaufszentren unterschieden. Während im ersten Fall die Blockstruktur der Innenstadt aufgegriffen wird und sie sich zudem ganz bzw. teilweise nach außen öffnen, zeichnen sich geschlossene Einkaufszentren durch eine innere, von Läden gesäumte, Wegeführung aus. An den Endpunkten sind meist Anchore-Stores, d.h. große Ankermieter verstandortet. Zwar sind für die städtische Entwicklung offene Center deutlich positiver zu bewerten, da sie intensivere Austauschbeziehungen ermöglichen, doch bevorzugen Investoren wie Center-Manager geschlossene Einkaufszentren (BRUNE et al. (Kühn 2006)).

Größe	Lage	Bauform	Einzelhandelsangebot (zur Innenstadt)
Großes Center 10.000 – 20.000 m²	Zentral oder pol-bildende Lage	Offene Bauweise	komplementär
Autarkes Center 20.000 – 30.000 m²	Randlage	Halboffene Bauweise	tlw. komplementär
Mega Center Über 30.000 m²	Solitärlage	Geschlossene Bauweise	deckungsgleich

Wehrheim (Junker 2007: 219)

Die Tabelle verdeutlicht nochmals die Merkmale innerstädtischer Einkaufszentren. Ergänzend wird hier das Einzelhandelsangebot zur Innenstadt in Beziehung zu obigen Merkmalen gesetzt. Mega Center sind demnach für die städtische Entwicklung als sehr kritisch zu betrachten.

3.6 Einseitiges Wachstum und seine Konsequenzen für Innenstädte

Während Shopping-Center in Deutschland im Untersuchungszeitraum 1990 bis 2006 einen wahren Boom durchlebten - Wachstumsraten von Anzahl und Fläche von über 300% - fand zeitgleich die Krise des (Fach-)Einzelhandels in den Innenstädten statt. Als Gründe lassen sich der massive Kaufkraftschwund, regionale Bevölkerungsrückgänge, die ausgeprägte Discountwelle sowie die Bedeutungszuwächse von Versandhandel, Teleshopping und nicht zuletzt des Internet nennen (BRUNE et al. (Brune 2006)). Da aber der Handelsbesatz in Deutschland in den meisten Städten heute schon nicht mehr dem vorhandenen Kaufkraftpotenzial entspricht, bedeutet jeder zusätzliche m² Verkaufsfläche einen reinen Verdrängungswettbewerb zu Lasten der vorhandenen Anbieter (BRUNE et al. (Junker 2006)).

Welche Konsequenzen hat nun der Boom innerstädtischer Shopping-Center für gewachsene Innenstädte? Je nach Größe, Lage und baulicher Struktur ergeben sich Umsatzverlagerungen oftmals zulasten der Innenstadt; eine Neubewertung von Lagen mit entsprechenden Konsequenzen für das Mietniveau findet statt. Die veränderten Besucherströme sorgen für interne Gewichtsverschiebungen und zunehmenden Leerständen in Nebenlagen der Ober- und Mittelzentren (BRUNE et al. (Bettges 2006)). Selbst 1a-Lagen gehören teilweise zu den Verlierern des Strukturwandels der letzten Jahre. Als Folge der Umsatzverlagerungen aber vor allem der häufig günstigeren Mieten in Shopping-Centern weichen Filialisten oftmals auf die neuen Shopping-Magneten aus. Zurück bleiben leerstehende Ladenlokale in den Innenstädten, die nur schwer vermietbar sind. Neuabschlüsse gelingen meist nur mit Billigmärkten, Sex-Shops, Fast-Food-Ketten usw., wobei ein Verlust der Angebotsqualität hieraus resultiert. Die Neuabschlüsse beschleunigen ihrerseits Trading-Down-Prozesse und ein Teufelskreis setzt ein, der oftmals einen irreversiblen Strukturwandel zur Folge hat (BRUNE et al. (Brockhoff 2006)).

3.7 Lösungsansätze

Dem Strukturwandel in deutschen Innenstädten bzw. dem Wandel im Handel können politische Verantwortliche jedoch auch ohne den massenhaften Bau von Shopping-Center begegnen. „Ein deutlich verbessertes Stadtmarketing, attraktives Entertainment (z.B. durch Straßen-Events) und stadträumliche und funktionale Verbesserungen (Bänke, Bäume, Brunnen, Skulpturen, bessere Parkmöglichkeiten) wären mögliche Lösungsansätze (…)" (BRUNE et al. (Brune 2006: 67)). Physical Evidence (Stadtneugestaltung) ist eine durchaus erfolgversprechende Möglichkeit, ebenso wie Business Improvement Districts (BID), in denen die Einzelhändler eine Abgabe zusammen mit den Steuern entrichten. Bisher fehlt allerdings meist hierzu die gesetzliche Grundlage in den deutschen Bundesländern.

Zudem können einheitliche Öffnungszeiten sowie verbesserter Service den Einkaufsstandort stärken.

Insgesamt bedarf es jedoch eines Rahmenplans für die innerstädtische Entwicklung, indem zukünftige Perspektiven erörtert werden.

3.7.1 Alternative Stadtgalerie

Als Alternative zu Shopping-Centern soll nun die sogenannte Stadtgalerie/ Einkaufsgalerie näher definiert werden. Sie zeichnet sich durch eine zentrale Lage, stadtverträgliche Größe und hohe Bauqualität aus. Weiterhin soll ein komplementäres Angebot bereitgestellt werden, wobei Lebensmittelversorgung und Gastronomie wieder zurück in die Innenstadt geholt werden sollen. Durch die gemischte Nutzung soll ein ganz wesentlicher Effekt für eine zusätzliche Belebung der Innenstadt geleistet werden. Optional sind auch Fitness-Center, Arztpraxen, Anwaltskanzleien etc. sowie die Integration von Einrichtungen der Kultur- und Unterhaltungsbranche durchaus erwünscht. Ein integriertes Parkhaus sollte der gesamten umgebenden Shopping-Szene eine zentrale Parkmöglichkeit bieten. Zwar muss die Stadtgalerie ebenfalls die Grundregeln eines Centers berücksichtigen (Bsp. Knochenprinzip), doch besteht ein zentraler Unterschied darin, dass ein solches Objekt im Gegensatz zum Shopping-Center nie als eigentliches Ziel angefahren wird. Die Einkaufsgalerie soll das Gesamtangebot der Innenstadt erweitern und so einen Beitrag zu einer Steigerung der Lebendigkeit und Attraktivität beisteuern (BRUNE et al. 2006).

4.　Fazit

Nach Analyse der verwendeten Literatur ist evident, dass hinblicklich des zukünftigen Bedarfs weiterer neuer Shopping-Center unterschiedliche Einschätzungen bestehen. Während die Concepta Projektentwicklung GmbH noch von „zu wenigen Shopping-Center(n) in Deutschland" (EUROHANDELSINSTITUT, GERMAN COUNCIL OF SHOPPING CENTERS 2006: 50) spricht, hält Brockhoff (BRUNE et al. 2006) Deutschland für *overshopped*.

Einerseits bieten sich durch neue Einkaufscenter in alten Innenstädten Entwicklungschancen, da sie Möglichkeiten zur ökonomischen und städtebaulichen Sicherung und Weiterentwicklung der Innenstädte (BRUNE et al. (Kühn 2006)) bieten, andererseits wird ein fehlplaziertes, überdimensioniertes Center einen irreversiblen Schaden für die jeweilige Stadt zur Folge haben (BRUNE et al. (Brune 2006)). In jedem Fall ist allerdings nur eine Errichtung in 1a-Lagen sinnvoll, da es sonst zu internen Gewichtsverschiebungen zu Lasten der Hauptgeschäftsstraße kommt. Weiterhin gilt heute die Regel, dass nur wirklich sehr große Städte mit einem sehr starken Produkt Innenstadt das Produkt Shopping-Center ohne nachhaltigen Schaden vertragen (BRUNE et al. (Doerr 2006)). Neben Projekten wie Physical Evidence und Business Improvement Districts die seitens der Stadt und der Gewerbetreibenden Verbesserungen in der kriselnden Innenstadt erreichen können, ist auch eine integrierte Stadtgalerie oftmals eine bessere Lösung als ein nicht-integriertes, überdimensioniertes Shopping-Center. Bei Planung der Stadtgalerie muss schließlich auf eine standortgerechte Verkaufsflächengröße sowie eine sorgfältige Sortimentsplanung geachtet werden. Wenn all diese Faktoren beachtet werden, können sich Innenstädte in Zukunft selbstbewusst behaupten und einem weiteren Niedergang ihrer Innenstädte erfolgreich entgegenwirken.

Literaturverzeichnis

HAHN, B. (2002): 50 Jahre Shopping Center in den USA. Evolution und Marktanpassung. In: Geographische Handelsforschung. Band 7, S.142-169.

WEHRHEIM, J. (Hrsg.) (2007): Shopping–Malls. Interdisziplinäre Betrachtungen eines neuen Raumtyps. 1. Auflage. (Verlag für Sozialwissenschaften) Wiesbaden.

BRUNE, W., JUNKER, R., PUMP-UHLMANN, H. (Hrsg.) (2006): Angriff auf die City. Kritische Texte zur Konzeption, Planung und Wirkung von integrierten und nicht integrierten Shopping-Centern in zentralen Lagen. (Droste Verlag) Düsseldorf

EUROHANDELSINSTITUT, GERMAN COUNCIL OF SHOPPING CENTERS (Hrsg.) (2006): Shopping-Center. Fakten, Hintergründe und Perspektiven in Deutschland. 10. Auflage. (EHI Retail Institute) Köln.

GRONE, B. (Hrsg.) (1999): Galerien, Passagen und kleinere Einkaufscenter. Strukturen, Porträts, Anschriften, Fachbeiträge. 1. Auflage. (Deutsches Handelsinstitut) Köln.

ECE PROJEKTMANAGEMENT G.M.B.H. & CO. KG (2008): Geschäftsfelder. Shopping. Abrufbar unter: http://www.ece.de/de/de/geschaeftsfelder/shopping.html